BEI GRIN MACHT SICH IHR WISSEN BEZAHLT

- Wir veröffentlichen Ihre Hausarbeit,
  Bachelor- und Masterarbeit

- Ihr eigenes eBook und Buch -
  weltweit in allen wichtigen Shops

- Verdienen Sie an jedem Verkauf

Jetzt bei www.GRIN.com hochladen
und kostenlos publizieren

Annegret Bäßler, Andreas Gerth

Stadtgeographische Begehung der Innenstadt von Giessen - Einzelhandel und Stadtgenese

GRIN Verlag

Bibliografische Information der Deutschen Nationalbibliothek:

Die Deutsche Bibliothek verzeichnet diese Publikation in der Deutschen National-
bibliografie; detaillierte bibliografische Daten sind im Internet über http://dnb.d-
nb.de/ abrufbar.

Impressum:

Copyright © 2005 GRIN Verlag GmbH
Druck und Bindung: Books on Demand GmbH, Norderstedt Germany
ISBN: 978-3-638-81382-2

Dieses Buch bei GRIN:

http://www.grin.com/de/e-book/69417/stadtgeographische-begehung-der-innen-
stadt-von-giessen-einzelhandel-und

Gerth
Friedrich-Schiller-Universität Jena
Institut für Geographie

Hauptseminar: Exkursion Hessen

Stadtgeographische Begehung der Innenstadt Giessens

Einzelhandel/Stadtgenese

Annegret Bäßler

Andreas Gerth

2005

Inhaltsverzeichnis

1. Grundzüge der Giessener Stadtgenese unter Betrachtung der Innenstadt

1150 ließ Graf Wilhelm von Gleiberg im Mündungsgebiet der Wieseck in die Lahn, die Wasserburg „Zu den Giezzen" errichten (zu sehen im Bild 1), auf deren Grundlage sich im Laufe der Zeit die Stadt Giessen entwickelte (INTERNET 1). Bis dahin stellte der heutige Raum Giessen eine unbesiedelte, weil periodisch überflutete Lahn- und Wiesenaue dar.

Abb. 1: Die Wasserburg zu Giezzen (Quelle: BRAKE 1998, S. 1)

Der Burgbezirk erstreckte sich als ein N-O gerichtetes Oval zwischen zwei Mündungsarmen der Wieseck. Den Gleiberg-Gießener Grafen gelang es einen Teil des Verkehrs, der in der Nähe vorbeiziehenden Fernhandelstrassen, an ihrer Residenz heran zu führen. So entwickelte sich noch im 12. Jh. im Bereich des Kirchen- und Marktplatzes ein Suburbium (Vorburg), in dem sich Handwerker und Kaufleute ansiedelten, die auch im geringen Maße Handel betrieben. In der Folge kam es zu einer systematischen Förderung der Stadt, um Einwohner umliegender Siedlungen zum Zuzug in die noch junge Siedlung zu bewegen. Im Jahr 1265 wurde Giessen an die Landgrafen von Hessen verkauft. Von dem verkehrsgeographisch bedeutendem Giessen war es den Landgrafen möglich die sog. Weinstrasse, eine strategisch bedeutende NS-Verbindung zwischen dem Rhein-Main Gebiet und Niederhessen, zu beherrschen. Die Folge dieser neuen strategischen Position war eine innere und äußere Stärkung der Stadt. Dazu wurden Schenkungen von Grund und Boden an die Einwohner vorgenommen sowie eine Verstärkung der Befestigungsanlagen durch Erdwerke, Mauern und Wassergräben erzielt. In der Folge siedelten sich verstärkt Einwohner in Giessen an, bedingt durch die Attraktivität des Standortes als auch auf Druck der Landgrafen. Die inzwischen geschaffenen verbesserten Anbindungen an die, im Osten und Westen vorbeiführenden

Handelstraßen, ein reger Marktbetrieb, die verstärkte Ansiedlung von Kaufleuten und Handwerkern ließen Giessen eine begrenzte frühzeitliche zentralörtliche Funktion gewinnen. Dennoch ist festzuhalten, dass es sich bei der Stadt Giessen bis ins 19 Jh. um eine Ackerbürgerstadt, ohne überregionale wirtschaftliche Bedeutung und ohne wohlhabendes Bürgertum handelte (LEIB 1982: 39-41).

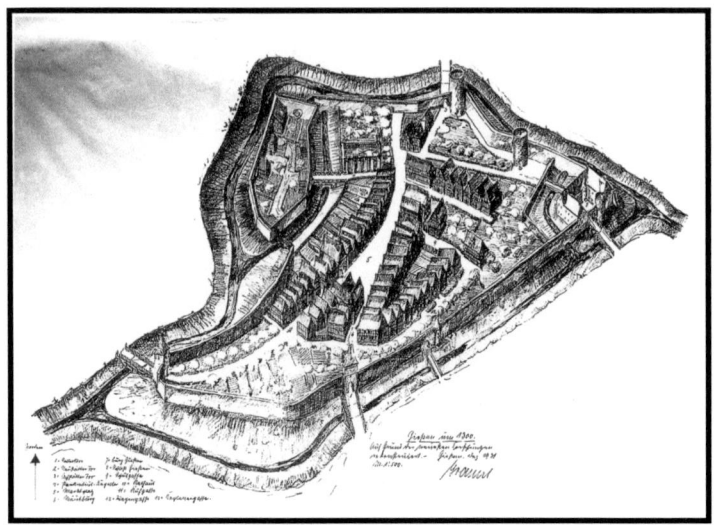

Abb.2: Die Stadt Giessen um 1300 (Quelle: BRAKE 1998: 10)

Phillip der Großmütige baute zwischen 1530 und 1533 Giessen zu einer der bedeutendsten Festungsstädte Hessens aus. Er bezog große, bis dahin, außerhalb liegende freie Flächen und errichtete Gebäude, mit in den Anlagenring ein und erbaute Wälle und Gräben. Gleichzeitig wurde die Wieseck östlich und südlich an der Stadt vorbei geführt und erhielt ihr heutiges Bett. Den Abschluss der Maßnahmen stellte die Errichtung des Neuen Schlosses dar. Landgraf Ludwig IV., dem Giessen nach dem Tod seines Vaters zufiel verstärkte die Stadtmauern und Gräben weiter. Nach dem Tode des erblosen Ludwig IV. (1604) entfachte ein fast 50jähriger Kampf um dieses Erbe. Besondere Brisanz ergab sich aus dem Konflikt zwischen den lutherischen Darmstädter- und den calvinistischen Kassler Landgrafen, die beide die Stadt für sich verlangten. Durch den Westfälischen Frieden gelangte die Stadt an Hessen-Darmstadt. Die in dieser Region besonders stark ausgeprägten absolutistischen Herrschaftsansprüche bewirkten, dass Giessen seine Selbstverwaltungsprivilegien verlor. Die gleichzeitige Abgrenzung der Stadt, bedingt durch ihren Festungscharakter, vom Umland führte zu einer Stagnation Giessens bis ins 19 Jh. (LEIB 1982:42). 1607 wird Giessen als Universitätsstadt benannt. Im Laufe der Jahre wurde das Universitätsgelände ausgebaut. So entstanden in dieser Zeit das Collegiengebäude und der Botanische Garten, der heute zu den ältesten seiner Art in Deutschland gehört. Leider wurde die Universität von 1624 bis 1650

4

nach Marburg rückverlegt. Erst 1650 konnte man die Giessener Universität wiedereröffnen (INTERNET 1). Die Vorraussetzung für die Universitätsgründung lag in der Aufnahme von Professoren, die in Marburg während des Krieges vertrieben wurden.

Abb. 3: Die Festung der Stadt Giessen (Quelle: BRAKE 1998: 31)

1803 bis 1810 fand in Giessen die Entfestigung statt. Die Befestigungsanlagen wurden geschliffen und Stadttore wurden beseitigt. 1818 wurde eine Stadterweiterung vorgenommen. Diese bezog sich vor allem auf die Anlagen der Universität, in der 1824 ihr heutiger Namensgeber Justus Liebig lehrte, und den Bau einer Kaserne. 1821 wurde Giessen Sitz der herzoglich-hessischen Provinzialregierung für Oberhessen und 1832 Kreisstadt. In folge dessen setzte eine Erweiterung der Siedlungsflächen außerhalb des Anlagenringes sowie ein einhergehender Zuzug von Einwohnern ein. 1840 kam dann die erste katholische Kirche Giessens hinzu. 1860 wuchs Giessen im Süden und im Osten über seine Festungsgrenzen hinaus. Der Schlachthof entstand 1889 und wurde 1909/1910 erweitert. Die heute noch vorhandene Johanneskirche und das Stadttheater stehen seit 1893 bzw. 1907 in Giessen.

Den entscheidenden Impuls für die moderne Stadtentwicklung Giessens setzte der Ausbau Giessens als Verkehrsknotenpunkt der Eisbahnlinie. Dabei kam es 1849/1850 zu einem Anschluss an die   Main-Weser Bahn. Neben den traditionellen Funktionen, wie etwa Garnisions,- Verwaltungs- und Universitätsstadt kamen nun verkehrs-, gewerbliche und industrielle Funktionen. Aber erst 1870 bis 1872 wurde Giessen auch an die Eisenbahnrouten nach Fulda und Gelnhausen angeschlossen.   Straßenbefestigungen wurden immer wieder verbessert und dem damaligen Standard angepasst. Auch einen Flugplatz konnte Giessen im Jahre 1925 vorweisen. Noch vor dem 2. Weltkrieg begann man in Giessen mit einer Altstadtsanierung. Für diese Sanierung gab es einige Vorschläge für Giessens neue Innenstadt (INTERNET 1).

Nach den schweren Luftangriffen 1944, bei denen zwei Drittel der Stadt zerstört oder schwer beschädigt wurden (80% der Innenstadt wurden durch Brandbomben zerstört), begann man ab 1950 auch neue Wohngebiete zu erschließen und neue Industrieanlagen zu errichten. 1975 wurde der Giessener Ring eröffnet. Nach dem Zusammenbruch des Sozialismus 1989 war die aufgebaute militärische Präsenz überflüssig. Die Amerikaner zogen ihre Truppen ab und es entstanden frei Flächen, die die Stadt Giessen zurückforderte. Die Konversion dieser Gebiete beinhaltete, dass die Militärflächen der rein zivilen Nutzung zur Verfügung gestellt wurden (INTERNET 1).

Abb. 4: Vergleich Giessens von 1197 und 1997 (Quelle: BRAKE 1998)

2. Historische Begehung der Innenstadt

Beginnen wollen wir unseren Stadtrundgang in der Innenstadt im Schloss-Viertel am Neuen Schloss. Das Schloss-Zeughausviertel stellt den ersten „[...] Erweiterungsbereich der spätmittelalterlichen Stadt [...]" dar. Denn durch die „[...] Errichtung der hessischen Landesfestung, einer landgräflichen Nebenresidenz und der ältesten Stätten der Universität [...]" wurde der Grundriss und das Bild der Stadt Giessen zum großen Teil bestimmt. Der Brandplatz, der durch den Großbrand 1560 entstand, dient heute als Markt- und Parkplatz. Das Neue Schloss konnte damals bei dem Brand gerettet werden, wohingegen das Alte Schloss und die Gebäude des Zeughauses ausbrannten. Erst 1980 baute man das Alte Schloss wieder aus den Ruinen auf.

Wie im Kapitel 1 schon aufgeführt, entstand das Alte Schloss (um 1300) als zweite landgräfliche Burg, neben der „Wasserburg zu Giezzen". Erst 1533 konnten die Bauarbeiten des Neuen Schlosses beendet werden.

Die Verbindung der Universität und des Schlossviertels lässt sich am deutlichsten machen, indem man die Funktionen des Neuen Schlosses im Laufe der Zeit darstellt. 1607 (Universitätsgründung) bis 1611 diente das Neue Schloss als Auditoriengebäude. 1835 bis 1899 befand sich das Rektorats- und Hörsaalgebäude im Neuen Schloss. Seit 1964 und bis heute ist im Neuen Schloss das Geographische Institut der Justus-Liebig-Universität Giessen zu finden. Auch das Zeughaus, welches 1961 wieder hergestellt wurde, ist heute in universitärer Hand und dient dem Institut für Geologie, Mineralogie und Agrarwissenschaften als Unterkunft.

Der Standrundgang führt uns nun zum Standort Brandplatz/Marktlaubenstraße. Auf dem Brand- und Lindenplatz sowie in der Marktlaubenstraße finden seit 1909 die Giessener Wochenmärkte statt. Diese können jeweils mittwochs und samstags von 7-14 Uhr besucht werden. Der Wochenmarkt Giessens wurde erstmals 1557 urkundlich erwähnt. Angeboten wurden vor allem landwirtschaftliche Erzeugnisse, die ihre Abnehmer in den Giessener Angehörigen der Universität und der Verwaltungsstellen fanden. Die wenigen handwerklichen Erzeugnisse wurden von den Bauern des Umlandes bezogen. Die grundlegenden Veränderungen in der Struktur des Handels, in der zweiten Hälfte des 19 Jh. führten zu einem Bedeutungsverlust des Wochenmarktes. Dazu zählten die Differenzierung zwischen Groß- und Einzelhandel sowie die Verlegung des Einzelhandels in Gebäude in der Innenstadt. Die Zeit nach dem ersten Weltkrieg ist weiterhin durch eine Abnahme der Händler und Käuferzahlen gekennzeichnet. Der ursprüngliche Charakter des reinen Erzeugermarktes ist fast vollständig verloren gegangen. Der Giessener Wochenmarkt besitzt keine überregionale Bedeutung, er dient zu großen Teilen der Bedarfsdeckung der Einwohner der Stadt sowie der angrenzenden Gemeinden. In preislicher und qualitativer Hinsicht besitzt der Wochenmarkt nicht mehr die früher vorhandene Vormachtstellung. Die wichtigste Funktion des Marktes liegt heute im kommunikativen Bereich. Die Marktatmosphäre stellt einen der wenigen Stadtortvorteile der Einrichtung dar (LEIB 1982:37-38).

Der Stadtrundgang führt weiter zum Marktplatz. Dieser weißt eine Zentralität an der Peripherie der eigentlichen City auf. Er dient als zentrale Umsteigestelle für Stadtbuslinien. Der Marktplatz verlor in den letzten 150 Jahren seine Verwaltungs- und Versorgungsfunktion, aufgrund der Verlegung des Wochenmarktes sowie der Zerstörung des alten Rathauses während des zweiten Weltkrieges. Der Marktplatz kann exemplarisch für die Umgestaltung der Altstadt nach dem zweiten Weltkrieg dienen. Die Altstadt war charakterisiert durch enge verwinkelte Gassen, die bis in die 1930er Jahre für den Verkehr gesperrt waren. Die Grundstücke waren zu großen Teilen ungünstig geschnitten, meist vollständig überbaut und häufig unter 100 m^2 groß. In der Altstadt fand man unmittelbares Nebeneinander von Wohn-, Handels-, Gewerbe- und landwirtschaftlichen Gebäuden. Die anliegenden Fachwerkhäuser waren oft baufällig und mussten durch Balken gestützt werden. Bank-, Büro- und Verwaltungsgebäude waren in der Altstadt selten vertreten. Die schweren Luftangriffe im Dezember 1944 haben fast 80% der Innenstadt zerstört. Der Scherpunkt der Wiederaufbaumaßnahmen wurde auf die Giessener Innenstadt gelegt. Die Maßnahmen wurden unter folgenden Auflagen durchgeführt: Zahlreiche enge Gassen und gemeinschaftliche Hofeinfahrten wurden aufgehoben, Grundstücke unter 120 m^2 wurden nicht mehr zugelassen. Viele Grundeigentümer mussten ausscheiden und ihre Grundstücke an Nachbarn oder der Stadt verkaufen. Die freigewordenen 25.000 m^2 nutze die Stadt zur Verbreiterung bedeutender Straßenzüge. Durch das Ausscheiden vieler Grundeigentümer, und dem damit einhergehenden Schwund an Wohnflächen konnten vermehrt Handel und Dienstleistungen in der Innenstadt etabliert werden. Vor allem im Bereich Marktplatz – Seltersweg konnten ansässige Geschäftsleute ihre Läden vergrößern, andere legten neue Geschäfte in den Nebenstraßen an. Am Rande der Innenstadt siedelten sich zahlreiche Dienstleistungsunternehmen und Behörden an (LEIB 1982:44-45)

Der Rundgang führt uns weiter zum Seltersweg bis zur Frankfurter Straße. Der Seltersweg wurde bereits im 14 Jh. errichtet und stellte bis in die 1880er Jahre nur einen gut ausgebauten Feldweg dar. Daran setzte eine Aufwertung des Weges, durch den Anbau von repräsentativen Kuppeltürmchen und Erkern, an den anliegenden Gebäuden ein. Auch nach dem zweiten Weltkrieg fuhren noch Autos durch die enge Straße, erst 1966 setzte die sukzessive Errichtung einer Fußgängerzone ein. Diese begann im südlichen Seltersweg, wurde auf den nördlichen Seltersweg einschließlich Kreuzplatz, Mäusburg und Sonnenstrasse ausgedehnt. 1973 wurde der Marktplatz integriert, 1978 kamen die Gebiete zwischen Bahnhofsstraße, Katharinengasse und neuer Wolkengasse dazu. Heute kann die Innenstadt, die ihr zugedachte Funktion als Kernstück des Oberzentrums Giessen, erfüllen (LEIB 1982:47-50).

3. Der Einzelhandel in Giessens Innenstadt

Betrachtet man Giessens Innenstadt aus der wirtschaftlichen Perspektive, so stellt man fest, dass Giessen einen enormen Einzugsbereich als Oberzentrum zu verzeichnen hat. Insgesamt lassen sich circa 650.000 Kunden erreichen, obwohl Giessen selbst nur 73.000 Einwohner hat (darunter circa 25.000 Studenten). Das wirkt sich natürlich auch auf das einzelhandelsrelevante Kaufkraftpotenzial aus (über 2,5 Milliarden Euro pro Jahr). Damit liegt Giessen weit über dem Durchschnitt bezüglich seiner Kaufkraftbindung. (INTERNET 1)

Das kann zum einen daran liegen, dass Giessen einige Gewerbegebiete aufweisen kann, welche wiederum mit Großmärkten, Baumärkten und ähnlichen Einkaufshallen ausgestattet sind. Andererseits besitzt Giessen auch eine sehr schöne und Altstadt, die großflächig mit Fußgängerzonen ausgestattet ist (zu sehen in Abbildung 4 die grau markierten Strassen). In diesem Bereich der Fußgängerzone befinden sich auch die verschiedenen Verkaufslagen. Abb. 13 zeigt mit den rot markierten Strassen die 1-A-Lagen, die grün markierten Strassen stellen die 1-B-Lagen dar und die hellblau markierten Straßen sind die Nebenlagen. Jede Lage hat natürlich auch unterschiedliche Mieten aufzuweisen. So bezahlt man in den 1-A-Lagen je nach Größe der Mietfläche zwischen 51 €/m² und 67€/m². Die 1-B-Lagen werden mit 15,50€/m² bis 20,50€/m² ausgewiesen und die Nebenlagen sind mit 7,50€/m² bis 12,50€/m² am preiswertesten in ihrer Miete. (INTERNET 1)

Abb. 13: Kartenausschnitt der Giessener Innenstadt mit Kennzeichnung der 1-A-, 1-B- und Nebenlagen (verändert nach INTERNET 1)

Noch in diesem Jahr soll am Rande der Giessener Innenstadt eine neue Attraktion zum Einkaufen eröffnet werden. Die „Galerie Neustädter Tor" bringt 85 Fachgeschäfte und Fachmärkte unter, sowie über 1100 PKW-Stellplätze. Damit unterstreicht Giessen erneut seinen zentralen Handelsstandort in Mittelhessen. (INTERNET 1)

3.1 Probleme des Giessener Einzelhandels in der Innenstadt

Giessen und seine Region sind kein Industrie-, sondern ein Dienstleistungsstandort. Das Image von Dienstleistungsstandorten wird im besonderen Maße durch die Attraktivität seiner Innenstadt beeinflusst. Die Stadt Giessen teilt im Hinblick auf den Einzelhandel in der Innenstadt ein generelles Problem vieler Städte. Giessens Einzelhändler leben zum Großteil vom Umland der Stadt. 80 % seines Umsatzes zieht der Giessener Einzelhandel aus dem Umland. Dieses widerrum ist bestrebt, wieder mehr Käufer durch Einkaufszentren an sich zu binden. Im Weiteren ist Giessen von der Schließung amerikanischer Kasernen betroffen. Diese Schließungen entziehen Kaufkraft aus der Region. Neben der Schließung amerikanischer Kasernen droht die Schließung von Bundeswehrstandorten im Umland. Die Universität kämpft zur Zeit um ihren Status. Sie stellt den größten Arbeitgeber der Region dar und bindet Studenten, die Kaufkraft in die Stadt bringen und die Innenstädte mit Leben füllen. Ein weiteres Problem stellt die Explosion der Einzelhandelsflächen außerhalb der City dar. Die Einkaufsgalerie Neustädter Tor entzieht der Innenstadt Käufer. Der größte Konkurrent für die Giessener Einzelhändler in der City stellt die neuerrichtete ECE-Mall in Wetzlar dar, die insgesamt 28.000 m^2 Verkaufsfläche bietet. Der Giessener Innenstadt hingegen fehlt es an Ambiente, Aufenthaltsqualität und Gastronomie (EBERT 2004: 2-8).

3.2 Lösungsansatz BID

Business Improvment Districts sind räumlich exakt definierte, meist innenstädtische Bereiche. Grundeigentümer und Gewerbetreibende schließen sich für einen festen Zeitraum zusammen und setzen Maßnahmen zur Verbesserung des geschäftlichen Umfeldes um. Die Finanzierung der Projekte erfolgt über eine Pflichtabgabe, die von den Beteiligten zu erbringen ist, wenn die Mehrheit sich zur Umsetzung einer Maßnahme entschließt. Die Abgabe soll unter anderem zur Finanzierung von Sauberkeit, Sicherheit, Stadtbildpflege und Marketing des BID genutzt werden. Entstanden ist die BID-Initiative durch der IHK Giessen-Friedberg die rechtzeitig die Probleme der City erkannt hat und in einem Regionalausschuss den BID-Gedanken ins Leben gerufen (BERGHOLTER 2004:2). Heute kann ein klarer BID-Fahrplan für die Giessener Innenstadt formuliert werden:

31.05.2005   Fristablauf für die Mitwirkungserklärung der Beteiligten am BID-Projekt
             Entscheidung über das anzustrebende BID-Gebiet

Mai-Sept.2005   Entwicklung eines BID-Konzeptes durch das Dortmunder Fachbüro Heinze
             & Partner

Okt.-Dez. 2005   Erste gemeinsame Marketingaktivitäten

2006   BID-Gründung

Das BID-Projekt soll folgendermaßen funktionieren: Die Geschäftsinhaber und Hausbesitzer formulieren ein Handlungsprogramm, durch welches ihr Innenstadtbereich aufgewertet werden soll. Dieses Programm wird kostenmäßig beziffert und der Abstimmung vorgelegt. Findet die Initiative eine Mehrheit ist sie für alle Teilnehmer verbindlich. Die Finanzmittel zu Umsetzung liegen in der Hand der BID-Anlieger.

Für das zukünftige BID-Gebiet wäre es denkbar, dass dieses sowohl einen großen Teil der Innenstadt umfasst, als auch die Aufteilung mehrer kleinerer BIDs. Die besten Chancen, zum Gebiet des BID zu gehören, hat zurzeit der Seltersweg; zwischen Karstadt und Plockgasse. In diesem Bereich befinden sich die meisten BID-Interessenten. Zu klären gilt, wie die Organisation des BID im Detail ablaufen könnte und wie sich die Projekte finanziell realisieren lassen. Die Ideen des Regionalausschusses des IHK Giessen-Friedberg finden Zustimmung sowohl auf privater als auch auf öffentlicher Seite. Mehrere Dutzend Hauseigentümer aus der City haben sich bereit erklärt, sich dem Projekt finanziell anzuschließen. Weiterhin hat Giessens Oberbürgermeister Haumann zugesagt, das Projekt positiv zu begleiten. Das Land Hessen subventioniert das BID-Vorhaben mit Mitteln aus dem EU-Ziel II Strukturfond. Jeder Euro (bis max. 50.000 €), den die Teilnehmer des Projektes in die Zukunft der City investieren, wird verdoppelt. Im Hessischen Landtag wurde eine Gesetzesinitiative beschlossen, die einen gesetzlichen Rahmen für verbindliche BID-Regelungen schaffen soll. Die Stadt Giessen reagiert auf die Explosion der Einzelhandelsflächen außerhalb der Innenstadt mit gesetzlichen Regelungen. Die Genehmigung von Einzelhandelsgroßprojekten steht unter grundsätzlichem Vorbehalt des § 11 Abs. 3 der Baunutzungsverordnung. Die Antragssteller von Großprojekten haben plausibel nachzuweisen, dass ihre Vorhaben keine städtebaulichen/raumordnerischen schädlichen Auswirkungen haben können. Die Dynamik der Entwicklungen im Einzelhandel gefährdet die Funktion der Innenstädte als Mittelpunkt des wirtschaftlichen, kulturellen und sozialen Lebens. Das Ziel dieser Maßnahmen ist es diese Dynamik zu bremsen, ohne Wettbewerb zu verhindern und Handelsinnovationen zu unterdrücken (HEINZE & PARTNER 2005: 1-2).

4. Literatur

BERGHOLTER, M., (2004): BID – eine Chance für Giessen, Vortrag beim Regionalausschuss der IHK Giessen-Friedberg, Dez. 2004, Giessen.

BRAKE, L (1998): Von der Burg zur modernen Stadt. 800 Jahre Giessener Stadtentwicklung, Giessen.

EBERT, G., (2004): BID – Überlebenschance für die Innenstadt, Vortrag beim Regionalausschuss der IHK Giessen-Friedberg, Dez. 2004, Giessen.

HEINZE & PARTNER (2005): GiBID Newsletter, in IHK Giessen-Friedberg Schriften, Mai 2005. Friedberg.

LEIB, J, Innenstadt, Bahnhofsviertel westliche und nördliche Stadtteile, Wieseck, in: SCHULE, W. & H. UHLIG (1982): Giessener geographischer Exkursionsführer: mittleres Hessen, Band 2, Giessen.

Internet 1: www.giessen.de Zugriff am 10.08. 2005.